听，
动物在说什么？
昆虫与鸟类

（法）塞琳娜·迪歇纳 赵彦 /著
姜击浪 /绘

湖南少年儿童出版社
HUNAN JUVENILE & CHILDREN'S PUBLISHING HOUSE

图书在版编目（ＣＩＰ）数据

听，动物在说什么？．昆虫与鸟类／（法）塞琳娜·迪歇纳，赵彦著；姜击浪绘．—长沙：湖南少年儿童出版社，2020.3

ISBN 978-7-5562-4844-5

Ⅰ.①听… Ⅱ.①塞… ②赵… ③姜… Ⅲ.①昆虫-少儿读物②鸟类-少儿读物 Ⅳ.① Q95-49

中国版本图书馆 CIP 数据核字 (2019) 第 244089 号

听，动物在说什么？·昆虫与鸟类

TING DONGWU ZAI SHUO SHENME·KUNCHONG YU NIAOLEI

策划编辑：周　霞		责任编辑：钟小艳	
插图统筹：兔子洞插画工作室		封面设计：进　子	
版式设计：百愚文化		质量总监：阳　梅	

出 版 人：胡　坚

出版发行：湖南少年儿童出版社

地　　址：湖南省长沙市晚报大道89号　　邮　　编：410016

电　　话：0731-82196340 82196334（销售部）
　　　　　0731-82196313（总编室）

传　　真：0731-82199308（销售部）
　　　　　0731-82196330（综合管理部）

经　　销：新华书店

常年法律顾问：湖南云桥律师事务所 张晓军律师

印　　刷：恒美印务（广州）有限公司

开　　本：880 mm×1230 mm　1/32

印　　张：3.5

版　　次：2020年3月第1版

印　　次：2020年3月第1次印刷

书　　号：ISBN 978-7-5562-4844-5

定　　价：39.80元

倾听自然之音

出差旅途归来，我坐在安静的书房里，翻开《听，动物在说什么？》这套书，随即沉浸在简洁而不失优雅的文字和别具一格迷人的画风中，更为奇妙的是，扫一扫水彩画上方的二维码，各种动物神奇的声音瞬间抓住了我的心。

恍然间，我仿佛来到了户外林间，书页间鸟声鸣啭，身着华丽的霓裳羽衣的翎颌䴙歌声不同凡响，云雀高亢的乐调直冲天门，昆虫"拼命三郎"蝼蛄也在一味纵情高歌；又仿佛一艘轮船正航行在书页间的大海，小丑鱼欢快地大喊大叫，海胆吞食时口腔发出的声响此起彼伏，外形俏丽的大西洋鲱鱼在欢天喜地玩耍嬉闹……

这是一套神奇的书，能让孩子足不出户认识世界，了解和认识地球上生存的各种生命，倾听来自大自然的声音，激发孩子们探究大自然秘密的好奇心。

这是一套严谨的书，书中每一篇短文既介绍了相应动物的地理分布、保护情况，也以最新科研进展为基础来给孩子普及相关动物的科学知识，更难能可贵的是共有 26 位动物界的科学顾问和声音录制者从野外或海底采集动物真实的声音，让孩子们感受生物声学研究的魅力。

孩子们，不妨翻开书读一读，听一听。我想，你们会爱上这些可爱的动物，爱上这套书的！

乔格侠　中国科学院动物研究所研究员
国家动物博物馆馆长

引　言

它们遍布我们周围，有时我们能感受到它们的存在：它们进攻我们，我们也追捕它们；我们享用它们，它们也噬食我们；我们不一定总能看见它们，但是总能听见它们的声音……让我们走进动物的声音世界，倾听自然之音，感受生物声学研究的魅力。

在本书系中，作者介绍了40种动物，主要反映了目前法国生物声学研究的热门领域，也大多存在于中国的日常生活中。有些动物是世界公民，如座头鲸；有的则独居一隅，如芒尖厚结猛蚁；还有的是欧亚大陆共有成员，如狍子、猞猁等。其中有我们熟识的云雀、果蝇、灰狼，也有不陌生的猴子树蛙、圣雅克扇贝、帝企鹅、澳大利亚海狮，还有知之甚少的格查尔鸟、倭黑猩猩。它们体态各异，有的仅有几毫米，如芒纳莫罗卡盲虮；有的长达 20 米，如抹香鲸。它们发出的声音有的震耳欲聋，如枪虾；有的鸣叫声可传到 600 米之外，如翎颌鸨（línghébǎo）。当然它们的发声机制也是五花八门，交流方式更是各显神通，目的则往往难脱俗套：引诱、恐吓、捕食、寻乐等等。

书中每一篇短文都着重描写一种动物的声音交流特征及其生理基础，不追求详尽的科普介绍，而是以最新科研进展为基础，力求提供准确的基础知识，旨在抛砖引玉，激发读者的兴趣，进而使其进行深度阅读。因此，作者以风趣的语言、轻快的笔调书写，同时穿插着诗歌、典故和神话传说，行文简洁而不失优雅，使读者在了解科学知识的同时，也享受文学之美。

请注意，书中有一种动物很神秘，是一只虚拟的大鸟，类似中国的龙。试一试你的火眼金睛，看看能把它找出来吗？

作者塞琳娜·迪歇纳（Céline DU CHENE）的工作受到法国广播集团（Radio France）的资助，该书的主要内容已经由法国文化电台（France Culture）与法国国家自然历史博物馆声像部合作，作为 40 集系列节目《神奇的动物语言》（Pas si bêtes, la chronique du monde sonore animal）播出，洛浪·保罗利（Laurent Paulré）负责声音制作。

目　录

昆虫类

蟋　蟀

　　说起蟋蟀，大家都很熟悉，它又被称作促织、蛐蛐儿、地鸣虫等等。早在 2500 年前，中国的《诗经》里就有"七月在野，八月在宇，九月在户，十月蟋蟀入我床下"的描写。宋朝贾似道还编写了一部《促织经》，是世界上第一部研究蟋蟀的专著。

　　世界上共有 900 多种蟋蟀，其中 200 多

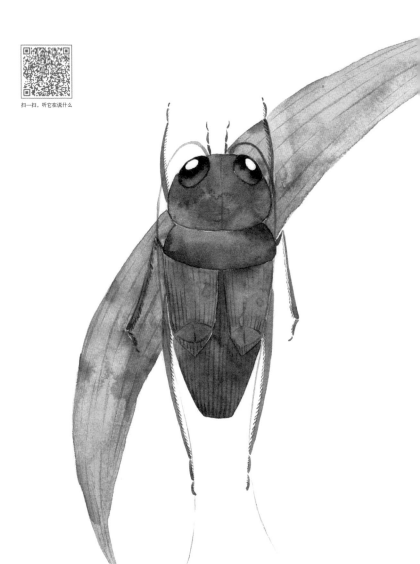

种可以在中国找到。比如中华蟋蟀，体长 2 厘米左右，黑褐色，头部有长触角，后腿粗大善跳跃且极具爆发力。雄性蟋蟀好斗，由此还产生了斗蟋蟀的娱乐活动，是具有浓厚东方色彩的中国特有的民俗文化。雄性蟋蟀不仅好斗，还喜欢鸣唱，常被当成宠物养在小笼子里。那么蟋蟀为什么鸣叫？它是如何鸣叫的呢？

如果仔细观察一个雄性蟋蟀，可以发现它的右前翅的内侧基部有锯齿状的音锉（cuò），左前翅的内侧基部有音齿，都是由翅边缘硬化而成。蟋蟀不鸣叫时，右翅盖在左翅上；鸣叫时，双翅举起，右翅覆于左翅，与背部成一定角度，向左右两侧张开，又迅速闭合。在不断的张开闭合中，左翅上的音齿便与右翅上的音锉产生摩擦，造成翅膀上的镜膜震动，形成清脆的鸣声。双翅振动的强度越大，音齿与音锉的刮击越重，鸣叫的声音就越响。另外，音质的亮闷转换还与翅膀抬起的角度有关。角度大时，其摩翅范围大，声音低沉；角度小时，摩翅范围小，声音柔和、娓娓动听。总之，蟋蟀的发声系统很像小提琴，音锉是琴弓，音齿是琴弦，镜膜是琴身的共鸣箱，通过巧妙配合拉出优美旋律。难怪法国著名的博物学家、昆虫学家法布尔，躺在夏季的月光下倾听蟋蟀鸣唱，深情地赞美道："我的蟋蟀啊，有你们陪伴，我能感受到生命在颤动。"

如同所有能发声的昆虫，蟋蟀也有"耳朵"，用以彼此辨认声音。它的"耳朵"长在前足基部，是一个卵圆形或缝隙状的结构，叫作鼓膜听器，上面有感觉细胞，可以识别不同频率的声音。有了这双"耳朵"，雌蟋蟀就能听到为它而鸣的乐曲了。

蟋蟀广泛分布于世界各地，但是气温较低的南北纬55度到极地地区除外。在热带地区，蟋蟀的种类尤其繁多。那里的蟋蟀与中国蟋蟀有什么区别吗？个头更大？颜色更深？更好斗？还是更会唱？让我们到亚马孙热带雨林里，看看那里的拉荷纳卡蟋蟀吧！

在圭亚那的野外，鸟啼、蛙鸣、虫吟汇成一场音乐会，一种小小的拉荷纳卡蟋蟀也跻身其中。它体长只有1.5厘米，体色如同枯死的树叶，恰好与周围的环境融为一体，难以被人发现，而只有歌声使其脱颖而出。

它张开第一对翅膀，快速地打开、关闭，再打开，由此产生尖锐的鸣叫声。这就是摩翅而歌，即左翅的硬边摩擦到右翅下的一个梳子状的部位，就像拇指拨动琴弦一样而发声。

然而在这森林中，捕食者无处不在，为什么拉荷纳卡蟋蟀还要引吭高歌，引人注目呢？无疑，就是为了繁殖后代。只有雄性拉荷纳卡蟋蟀才歌唱。这种诱惑之歌是为了吸引远方的雌蟋蟀，仿佛在说："请听好，我在这儿。生儿育女的事儿，我已准备妥。这里有没有哪只雌蟋蟀，可以与我交尾啊？"

需要指出的是，对于雄性拉荷纳卡蟋蟀，并非努力就有收获。雌蟋蟀要根据歌声的力度和音质，来估计最终配偶的特质：够不够强壮？是否健康？营养状况良好吗？答案只能在歌声和动作展示中寻找。

然而，人们很少知道拉荷纳卡蟋蟀还是长跑健将。它一边唱，一边打转，还不停地跳跃，然后再翻着跟头地唱，接着再来一个大腾飞。这种高强度的跳唱是拉荷纳卡蟋蟀特有的能力，在蟋蟀类中很少见。它可以在两小时内游几十米，略作休息后，再继续它的越野赛。对于雌蟋蟀来说，寻到雄性拉荷纳卡蟋蟀不是一件容易事。它们很少在光天化日之下追逐雄蟋蟀，因为在大鳄潜伏的森林中这是很冒险的举动。

所以，雌拉荷纳卡蟋蟀保持安静，看似悠闲地晒太阳，实际是专心致志地等候。雄拉荷纳卡蟋蟀引吭高歌和四处窜动。雌蟋蟀只是静静等待，等雄蟋蟀唱完之后，对它进行评判，然后现身。它无须东跑西颠，只要踩着点儿来就行。

欣赏完拉荷纳卡蟋蟀的技艺展示，我们设想让它与中华蟋蟀一决高低，谁是王者呢？看上去前者善于防守，后者强于进攻，都有胜算。也许拉荷纳卡蟋蟀要抗议：我是田径选手，不参加拳击比赛！

科学顾问：洛尔·德苏特（Laure Desutter），供职于法国国家自然历史博物馆生物分类 – 演变 – 多样性研究所。

声音录制：热雷米·昂苏（Jérémy Anso），供职于法国国家自然历史博物馆生物分类 – 演变 – 多样性研究所、法国艾克斯 – 马赛大学地中海海陆生物多样性研究所(IMBE)、法国发展研究院努美阿中心。热罗姆·苏厄（Jérôme Sueur），供职于法国国家自然历史博物馆生物分类 – 演变 – 多样性研究所（ISYEB–UMR 7205, MNHN）。

灰　　蝉

　　"池塘边的榕树上，知了在声声叫着夏天，草丛边的秋千上，只有蝴蝶停在上面。"蝉声是抹不去的童年的记忆，虽然在烈日炎炎中，那单调、不间断的叫声常常令人烦躁。

　　然而，在中国古代，鸣蝉一度是人们歌咏景慕的对象。古人以为蝉是靠餐风饮露为生的，故把蝉视为高洁的象征，咏之颂之，

托物寓意。如唐代诗人虞世南在五言诗《蝉》中写道："垂缕（ruí）饮清露，流响出疏桐。居高声自远，非是藉秋风。"古人又以为蝉的羽化代表人能重生，是通灵的象征。从周朝后期到汉代葬礼中，人们总把一个玉蝉放于死者口中以求庇护和永生。

当然，后来人们认识到蝉并非不食人间烟火，它以植物汁液为生，影响树木生长；它也不能重生，只是在地下待上几年甚至十几年才出世。但是，它独特的生命活动周期确实让人着迷并感叹。法国昆虫学家法布尔在他的传世之作《昆虫记》中，就对蝉的一生进行了详尽描述并讴歌道："四年在地下的艰苦工作，一个月在阳光下的欢唱，这就是蝉的生命……为了庆祝这得之不易而又如此短暂的幸福，歌唱得再响亮也不足以表达它的快乐啊！"

现在，让我们追逐法布尔的脚步，到法国南部欣赏那里的蝉鸣声吧！

这是夏季风景中最怡人的鸣叫声。每当听到灰蝉歌唱，人们就联想起松林、橄榄林及暖融融的空气。在法国境内有20多种蝉，但是法国南方人最熟悉的就是灰蝉。

这种昆虫长约三四厘米，看上去有点儿沉闷，体色为灰褐色，使之易与周围环境，尤其是树皮融为一体。雌蝉和雄蝉外形接近，都长着褐色大眼睛。透明的翅翼上有明显的翅脉，上面还点缀着11个黑斑点。灰蝉看上去毫不显眼，人们往往只闻其声，不见其踪。

雄灰蝉总是成群结队地一起鸣唱，十几、上百甚至上千只聚在一起大合唱。它们往往是按照完全相同的节奏，一起高歌，吸引雌蝉到访。在它们歌唱时，人们要尽量避免打扰它们，否则它们会轰然飞走，留给入侵者一片尿液。鸣蝉专家们对此早有所知。正如纪尧姆·阿波利奈尔（注：法国诗人，超现实主义先驱）在他的图像诗《像蝉那样》中写道："要像蝉那样歌唱，南方人应该也像蝉那样挖土、观看、畅饮，在和煦的阳光下，开心快乐。"

鸣蝉能发出高达 80 分贝的鸣声，其身体结构完全胜任此举。在其腹部两侧拥有一排"钹（bó）"，形如微型橄榄球，钹上面带着硬挺的钹把。腹部收缩变形撞击钹把而产生声音。几乎空荡的肚子恰如一个完美的音箱，声音经过这里被放大，再传到耳朵而出来。为避免被震聋，蝉的耳鼓室干脆萎缩以免受巨大声响的冲击。

这鸣唱实际上是诱惑之歌。雌蝉倾听、评判，然后飞过去交配。整个过程历时很短，因为灰蝉的地上生命期只有三周，而不像拉封丹（注：法国诗人，以《拉封丹寓言》留名后世）所写的那样，蝉在夏季结束时死去，从而避免在北风中饥寒交迫地哀鸣。

科学顾问、声音提供者：热罗姆·苏厄 (Jérôme Sueur，供职于法国国家自然历史博物馆生物分类－演变－多样性研究所（ISYEB–UMR 7205, MNHN）。

蝼蛄（lóugū）

蝼蛄，在中国俗称蝲（là）蝲蛄、地拉蛄，因为它的头长得有点儿像狗，还被称作土狗子。这些俗称表明它们的生活区域主要在地下。蝼蛄的生活，确实有相当一部分是在地下度过，比如在建筑物之下，在乡间野外，在花园或庭院中。

在法国，蝼蛄也被称作"鼹鼠蟋蟀"，

暗示了这种昆虫的特殊外形。它头大胸宽，长相介于鼹鼠和蟋蟀之间。鼹鼠长着适于穴居的肢体，强于挖掘，能挖出地下宫殿。瑞士博物学家查尔斯·邦纳描述蝼蛄的前足"像鼹鼠的手掌那样，带硬鳞向外翻。它也像鼹鼠那样在地下打洞"。

蝼蛄是个拼命三郎，一旦开始挖掘，它就勇往直前，所向披靡，遇到树根也想不起绕个弯，对庄稼蔬菜也照啃不误，为此臭名昭著，也因此受到围剿，所以现在蝼蛄几乎在我们的视野里消失了。但是最近几年在中国城市，随着草坪面积增长，蝼蛄重新找到栖息之地，成为草坪生态系统中的害虫之一了。

蝼蛄有"鼹鼠蟋蟀"之称，当然与蟋蟀也有很多共同之处，其实它更像蟋蟀。蝼蛄属于直翅目昆虫，也与此类昆虫拥有一样的鸣叫嗜好。对于一只体型较大的蝼蛄（5～6厘米），其鸣叫声可达87分贝，嘈杂程度相当于城市的交通噪声，或者高噪音吸尘器。

说起蝼蛄鸣叫，还有一段张冠李戴的轶事呢。在中国南方水乡，蝼蛄呼作蝼蝈，蚯蚓称作曲蟮。蝼蛄和蚯蚓同居潮湿肥沃的土壤中。蚯蚓钻过的穴道，蝼蛄也可以加以扩充利用。人们听见叫声而挖地，蝼蛄有腿早逃之夭夭，往往只见蚯蚓在地里，所以认定发声者是蚯蚓。后来人们才知道蚯蚓不能发声，蝼蛄才是真正的歌者，所以有谚语道："蝼蝈叫得肠断，曲蟮乃得歌名。"说的就是人们误把蝼蛄声当成蚯蚓叫。

这叫声还是法国南部特有的夏夜之音。雄虫"摩翅而歌"，企图用吟唱打动雌虫。其目的很明确，就是引诱雌蝼蛄到它的洞穴，然后与之交配。蝼蛄的洞穴很奇特，通道光滑，像是堡垒，能把昆虫的鸣声延伸。比如蝼蛄的社区洞穴，近似于两个 Y 形叠在一起。蝼蛄依在分叉处，头朝下，摩翅发声，声音被巧妙地放大……在炎热的夏日之夜，蝼蛄更是疯狂地高唱爱情之曲。余音袅袅，传至远方。

蝼蛄一味纵情高歌，却不知引来杀身之祸。昆虫学家们正是利用蝼蛄歌声发明了声诱法来消灭蝼蛄，即录下雄蝼蛄的歌声，大声播放，诱惑雌蝼蛄前来赴约，然后集中消灭。但是请注意：蝼蛄讲方言，唱民歌，北方雌蝼蛄听不懂南方曲，反之亦然。所以挑选情歌一定要瞄准对象，投其所好。

科学顾问、声音提供者：热罗姆·苏厄（Jérôme Sueur），供职于法国国家自然历史博物馆生物分类－演变－多样性研究所（ISYEB–UMR 7205, MNHN）。

果　　蝇

　　果蝇大概是世上最著名的蝇类了，虽然名气大不一定形象好。果蝇是基因研究最理想的模式生物，因为它拥有异常染色体，而且便于获取和研究。如果你是生物学方面的学生或研究人员，那么果蝇一定是你的实验室伴侣。得益于果蝇，现在人们对遗传规律了解得相当深刻，但是离开实验台，关于野生果蝇的吃喝生养，人们的了解就没有那么多了。果蝇其实离我们不远，在熟透的水果边，比如有点儿腐烂的香蕉、苹果边，就有飞来飞去的果蝇，它们喜欢吸食发酵的果肉。它们对美丽芳香的鲜花不感兴趣，不屑于像蜜蜂那样吸蜜传粉。

黑腹果蝇，它的拉丁名意为"喜爱玫瑰的黑肚子"，暗示了这是一个美食家。它们之间的交流方式尤其令人感兴趣。因为黑腹果蝇能散发化学信息素，其体表含有的碳氢化合物可以用来区分雌雄。听，一只果蝇在自语："哇，前面来了一只果蝇，是男生还是女生呢？我过去蹭它一脚，沾上一点儿表皮，就能知道了。"因为果蝇的腿类似于感觉器官，就好像把鼻子或舌头移植到了腿上，可以辨别气味或品尝味道。

还不仅如此，果蝇还会唱歌，尤其是在

扫一扫，听它在说什么

求婚时。在心仪的女神面前，雄果蝇要摆出非凡的气场，遵循固定的求偶程序：头部以45度角靠近雌蝇尾部，展开一个或两个翅膀，由此发声歌唱。

如果声音仅由一种基本频率构成，波谱仅由曲线组成，这种歌声是正弦型的。如果正弦波变形且与其他频谱结合，形成猝发的波谱，则称为脉冲。很多动物的雄性都会发出有一定规律的求偶声音，来提高它们与雌性的繁殖成功率，所以叫声结构的变化一直被看作是有害的"噪音"，但是在果蝇世界似乎是个例外。雄性果蝇振动翅膀发出求偶声，且会根据外界信号来调整它们声音的规律，即音谱由两个交替的声音模式组成。雌性对雄果蝇的这种努力很敏感，并会因此做出反应，发出"噗呼"或"嘤嘤"声。

请听果蝇求爱之歌吧……雄蝇自报家门："我是一只雄果蝇，使尽招数想要捕获雌蝇的芳心，目的就是与雌蝇交配。"但是请注意，最后的决定权掌握在雌蝇手里。在求爱仪式中，人们的确能记录到雌蝇的声音。如果雌蝇对爱慕者不感兴趣，它就发出"噗呼"之声，短促响亮，含义很明确，即"滚开"。

但是，如果雌蝇接受求爱，它就发出"嘤嘤"之声。这种"嘤嘤"之声只在两者交尾时才有。雄蝇爬到雌蝇身上，雌蝇则轻轻展翅，让生殖器打开露出。雄蝇发出特别的声音，比正弦音尖细。两者专心致志交尾，珍惜分分秒秒，整个过程仅持续两三分钟。如果你把耳朵贴近果蝇，就能听到它们在吟唱爱情颂呢。

科学顾问、声音提供者：范妮·里贝克（Fanny Rybak），供职于巴黎第十一大学神经科学研究所（ISP-CNRS, UMR 9197）。

马达加斯加蟑螂

马达加斯加蟑螂体扁而厚实，长四五厘米，体表包裹一层黄褐色软甲，头部黑亮。雄性马达加斯加蟑螂的头上还长着两个凸起，好像两只犄角，这是它们之间打斗的武器。

马达加斯加蟑螂与大多数蟑螂不同，它没有翅膀，但它是攀爬高手，哪怕是在光滑

的表面上也行动自如，因为它的手上长着海绵状凸起和吸盘。这种蟑螂遍布马达加斯加岛，在潮湿少光的热带森林中经常可以见到。与所有的蟑螂一样，它也是昼伏夜出。

蟑螂，在法语里与"虚伪"同音，由于它的夜生活习惯以及其他原因，它不是一种令人心仪的动物……以翻译老普林尼作品著称的作家比内，早在 1542 年就写道"蟑螂以黑暗为生"。1857 年，法国伟大诗人波德莱尔把蟑螂比作"阴暗思想的忧伤伴侣"，从而使蟑螂作为"伪君子"之意广为人知。在诗作《毁灭》中，他这样描述这个恶贯满盈的家伙：

并且以虚伪作为动听的借口，

使我的嘴唇习惯下流的迷药。

就这样使我远离上帝的视野，

并把疲惫不堪、气喘吁吁的我

带进了幽深荒芜的厌倦之原。（注：梁
宗岱译）

但是认为蟑螂在全世界不受欢迎是一种
误解。要知道，马达加斯加蟑螂正成为一种
宠物，尤其是在美国。这种动物很容易在玻
璃容器里喂养，很容易繁殖。上网查一查就
可发现有大量操作性建议，指导人们如何喂
养马达加斯加蟑螂，由此可见这种动物该是
多么风光了。

马达加斯加蟑螂受到宠物爱好者追捧还
有另外一个原因，不是由于其行为，而是由
于它的声音。的确，雄性马达加斯加蟑螂是
个好战者，有时对同伴很有攻击性，所以被

中国蟑螂宠物爱好者戏称为"马小强"。但是马达加斯加蟑螂会唱歌，故也称作发声蟑螂，这是马达加斯加岛特有的品种，因为世界上其他地方的蟑螂通常是不发声的，它们通过散发化学信息素或用肚子碰撞地面发声来交流。也就是说，马达加斯加蟑螂可能是唯一能像鼓风机那样发声的昆虫。

在马达加斯加蟑螂的肚子两侧各有一个气门，空气就是从这里出去的。吸进体内的空气通过气管，挤压气门，从而发声，其原理就如同掐住气球口，挤压气球，气球内部的气流穿过开口发出哨声一样。这种声音只在雄性马达加斯加蟑螂追逐异性时才发出。当雄蟑螂发现追求目标时，它就开唱，即收紧肚子，围着雌性团团转，发出哨声、半哨声，乃至咝咝的"呼啸"声。雄蟑螂看上去急不可耐，焦躁地鸣唱，直到交尾成功。不同寻常的是，马达加斯加蟑螂的两个气门是相互独立的，它们可以轮番使用，也可以同时各唱各的。可以想见，面对如此无与伦比的曼妙歌声，哪个"女生"能不动心呢？

科学顾问、声音提供者：热罗姆·苏厄（Jérôme Sueur），供职于法国国家自然历史博物馆生物分类 – 演变 – 多样性研究所（ISYEB–UMR 7205, MNHN）。

芒尖厚结猛蚁

蚂蚁是不可思议的昆虫。自从1亿多年前在地球上出现后，它们攻城略地，无往不利，现在它们已经分布到除南极洲之外的所有大陆，无论是高山洞穴，冰天雪地，还是戈壁荒漠，到处都有它们的踪迹。它们数量众多，总重量几乎与地球上的人类一样，约占地球动物总重量的10%。如果让它们首尾

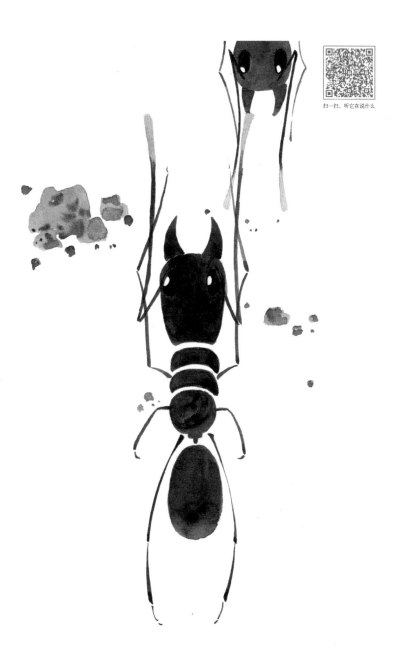
扫一扫，听它在说什么

相连，一字排开，足以搭成一座直通月球的长桥！蚂蚁如此繁盛，是因为它们过着勤奋、有序、分工协作的社会性生活。人类对这个高效运转的蚂蚁王国着迷不已：它们是如何组织起来的呢？怎么相互沟通呢？

很久以来，一说起蚂蚁之间的沟通，人们脑海里立刻浮现出它们相互交流的情景。交流方式可能是通过触摸，触角碰触角；也可能是通过化学方式，即释放一种信息素，进行险情预警、示爱以及表示发现食物或是伙伴邂逅……然而人们对蚂蚁发声却知之甚少。虽然几十年前的研究就已经发现，蚂蚁能够通过声音发出警报，但是直到最近几年，受益于科技进步，科学家才发现蚂蚁的词汇量远比预想的要大得多，它们甚至可以互相交谈！破解声音密码为我们了解蚂蚁世界打开了另外一扇窗。

让我们把目光投向南美洲，聚焦于芒尖厚结猛蚁。这种蚂蚁原产于巴西，但是从墨西哥南部到巴拉圭都可见到它们的身影。它们出没于热带森林，身体是深褐色的，体态较大，超过1厘米，拥有螫（shì）针，蜇人剧痛，令人避而远之。它们的触角前端呈淡黄色，就像成熟的麦芒尖。一个芒尖厚结猛蚁群包括一百到两百个工蚁，蚁穴在地下，通常位于枯死的树桩附近。

如果有芒尖厚结猛蚁出现时，请你竖耳细听，也许就能听到它们在窃窃私语。因为在蚂蚁的肚子上，确切说是在第二和第三腹节之间，有一个特殊的发声器"声脊"，该器官上面有一排小齿，像是刮刀，当腹部对着胸部摩擦时，就可发出尖锐的声音。

芒尖厚结猛蚁在受到惊扰时会喊叫，比如发出呼救信号，用以警告伙伴附近有捕食者，或是表明自己处于险境。

对于芒尖厚结猛蚁这类特殊蚂蚁种群，我们还不知道其叫声的准确含义是什么，但是对于普通蚂蚁的叫声，尽管并非无所不知，却已经了解相当多了。比如切叶蚁，它们用树叶种植真菌。它们的叫声就是一种协调集体切树叶的号令，相当于蚂蚁界的劳动号子"哦吃嘿"。

在另外一些蚂蚁种类中，蚁后通过发声对工蚁发号施令。这种情形被爱尔康蓝蝴蝶充分利用。这种蝴蝶把自己的幼虫放到某类蚂蚁的洞穴中，因为这类幼虫善于模仿蚁后的声音，还能散发出更能诱惑该类蚂蚁的化学信号，结果工蚁们就精心喂养和照顾这些蝴蝶幼虫，就像照料自己家的亲宝宝一样。直到有一天，这些幼虫拍拍翅膀飞走了。

还有一种寄生蝴蝶也会模仿蚁后的声音，但是对工蚁的支配能力没有爱尔康蓝蝴蝶那样高超，享受不到被工蚁优先喂养的特权，只能潜伏在蚁巢中，自己动手，以蚂蚁幼虫为食。也许就是模仿声音的细微差别，导致它们享受不同豪华程度的寄生生活。会一门外语很重要，精通一门外语尤其效果显著，这规则在动物世界也灵光。

科学顾问：范妮·里贝克（Fanny Rybak），供职于巴黎第十一大学神经科学研究所（ISP-CNRS, UMR 9197）。
声音录制：罗娜拉·德·苏扎－费雷拉（Ronara de Souza Ferreira），供职于巴黎第八大学行为与比较学实验室（LEEC）。

芒纳莫罗卡盲虱

这是一种穴居动物，身影常常出现在洞穴深处悬于岩壁的树根间，以吸取植物汁液为生。如果一种生物一代又一代地生活在极其昏暗的地方，一点儿光线都没有，那么它就逐渐失去体色。穴居昆虫常常因此发生形态调整：褪色，翅膀退化，眼睛变小甚至消失。芒纳莫罗卡盲虱，顾名思义就是"瞎子"。

扫一扫，听它在说什么

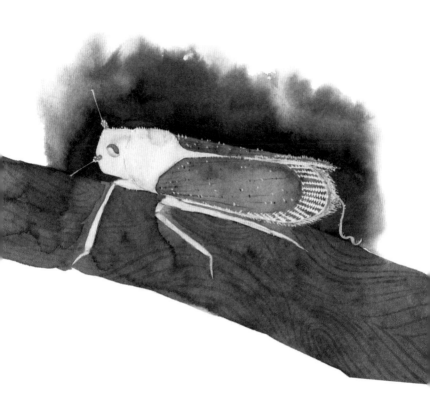

它们体长约 6 毫米，白色的腿，白色的头，几乎消失的红色复眼，翅膀呈烟棕色。雌虫的翅膀上面还点缀着蜡质白颗粒。

这类盲虱生活在马达加斯加西北部的芒纳莫罗卡山区，这里地表崎岖、地下水丰富且形成众多溶洞，水中含有多种矿物质元素。在某些溶洞里，也许你能邂逅盲虱呢！但事情并非如此简单，因为这些洞穴经常被淹没，很难到达，而且还常有鳄鱼出没。只有在 10 月至 11 月的旱季期间，昆虫学家才能对盲虱进行观察。考察时要特别谨慎，因为可能需要趴下或蹲伏才能看清这种小虫子，所以一不小心就会与鳄鱼撞脸。无论如何不能吓着盲虱，要避免使用头顶灯，但是这又遭遇另外的困难，即在洞穴里几乎什么都看不见。

说实话，昆虫学家对盲蝽着迷的不是它的外表，而是它发出的声音。这是一种超声波，人的裸耳听不到。盲蝽停驻在树根上，摇撼树根使其振动，竟然形成了韵律！它是怎么做到的呢？尚不可知。因为人们不能打开头顶灯，否则，振动立马停止。人们猜测，它可能是借助肚子发出声响，或者整个身体一起振动……总之，它产生这个振动，接着声音在树根间传播，可达 2.5 米之远。其他盲蝽通过腿上敏锐的感觉器官感知振动，从而获得联络信息。为了记录这些信息，昆虫学家使用一个微型留声机，把它放在树根上，并连着一个放大器。

人们还不能确定这些盲蝽在述说什么。谈情说爱？预警？赛歌？但是可以肯定的是，一只盲蝽鸣鼓开唱，其他的就随声应和，七嘴八舌喊起来。所谓寂静的洞穴，实则喧闹不堪。

科学顾问、声音提供者：阿德琳娜·苏里耶（Adeline Soulier），供职于法国国家自然历史博物馆 – 法国科研中心生物适应及演化机制研究联合实验室（MECADEV UMR 7179, MNHN-CNRS）。

鸟类

大麻鳽（jiān）

当我们在晨曦或暮霭中散步，徜徉在法国洛林公路旁的水塘边，在这远离海岸的山区内陆，远远听见"会儿，会儿"的叫声，仿佛海边雾笛般缠绵不断的呼唤，不要以为置身梦幻仙境之中，这只是鸟儿在呼朋引伴。

大麻鳽，俗称大麻鹭、蒲鸡、水母鸡等，就是它在歌唱。这是一种涉禽，属于大型鹭

类，体长约80厘米，羽毛呈褐色，颜色与芦苇相近，上面点缀着金黄色小斑点，像是金色小星星，所以它的法语名字叫"星斑鹭"。

说实话，大麻鳽隐藏在水塘边的芦苇中，很难被发现。它蹑手蹑脚地在芦苇中走动，头微缩在肩膀里，静候着鱼、青蛙，或水生昆虫的光临。它的喙长而尖，略呈绿色，还带着迷人的小黑胡子，而橙色的眼睛透着敏锐，仿佛时刻在巡视着猎物。而一旦发现猎物，节奏立即改变，它会一跃而起将猎物擒下，尖喙将其截断，抖动几下，然后吞下。最先下肚的往往是猎物的头部。

为了尽可能地不惊动猎物，大麻鳽往往是伸长脖子，嘴尖朝天，一动不动地等待，看上去就像芦苇丛中的一枝芦苇。它能够保持这种姿势长达几个小时，而且会像风吹芦苇那样随风晃动。

这是一种喜爱独处的鸟类，似乎只有在求偶期间才关注同类。雄鸟在 2 月至 7 月间鸣叫，声音低沉，既是向雌鸟示爱，也是警告其他雄鸟：我的地盘，闲人莫入。这鸣叫就是那著名的雾笛之声。

大麻鸦歌唱时非常投入。它先用嘴巴打几个响声，然后脑袋前伸、吸气、抬头、引颈、呼气，开始鸣唱。与其他鸟类不同，它把吸进的空气保留在食道而不是肺部。食管就变成了一个大管道，好像管乐器一样。乐器越长，声音越低沉浑厚。

这种独特的歌声引起了 18 世纪法国博物学家布封伯爵的注意。在《鸟类自然史》中，他写道："难以想象吧，这种令人不寒而栗的声音竟是温柔的爱情之歌？然而，这确实是来自本能的呼喊，是一种野性的、毫无掩饰的对原始愿望的强烈表白。"

很遗憾大麻鳽的形象没有出现在布封伯爵的书中，但是它那低沉神秘的歌声想来也能打动你吧。遗憾的是在欧洲，尤其是在法国，它却面临濒危之灾：大麻鳽数量正急剧下降，在法国境内仅有 300 余只雄鸟。

那么大麻鳽在中国的境况如何呢？

大麻鳽在中国分布广泛，除在云南、贵州、广东、广西、福建等南部省区为留鸟不迁徙外，在其他地区多为候鸟或过境鸟。新疆、内蒙古、东北三省和河北是它们的繁殖地，每年 3 月中下旬，三三两两的大麻鳽从南方结伴而来，繁殖成长，10 月中下旬拖家带口地迁走，经过中原、长江中下游地区等，长途跋涉到华南和云贵高原等地过冬。

该物种在上世纪六七十年代还较常见，但是随着农田开发和环境破坏，其种群数量明显下降。据调查，1990年中国有将近900只，到了1992年仅有230只左右，数量竟然比法国的还要少！现在大麻鳽在中国已经很少见了，偶尔有人有幸一睹其芳容，竟要作为社会新闻进行报道。所幸的是大麻鳽的命运终于受到关注。2000年，大麻鳽被中国林业局列入《国家保护的有益的或者有重要经济、科学研究价值的陆生野生动物名录》；2012年，它被列入《世界自然保护联盟濒危物种红色名录》低危科目中。

中国的大麻鳽，法国的星斑鸦，遥遥相望，同病相怜，因为湿地在世界范围内急剧减少且质量退化，而湿地是大麻鳽的栖身之地和旅途客栈。湿地具有强大的生态净化作用，被誉为"地球之肾"，生活于其中的鸟儿的数量和种类会指示这一生态系统是否健康。保护鸟儿，保护湿地，何尝不是保护我们自己的家园？

科学顾问、声音提供者：朱利安·彼舍诺 (Julian Pichenot)，供职于法国封特尼生态环境咨询公司。

凯　克　斯

鸟儿凯克斯，名符其实，其名字完全是因其叫声而来：凯克斯，凯克斯……大概只有夜猫子才能听到这叫声，因为凯克斯在夜里 11 点到凌晨 3 点之间叫得最欢。

凯克斯主要分布在欧亚大陆，从英国到中亚及中国西部的新疆和西藏地区，都有它们的踪迹。它的中文名字是"长脚秧鸡"。

扫一扫，听它在说什么

苏联教育家苏霍姆林斯基在《长脚秧鸡和田鼠》的童话中，就讲述了长脚秧鸡从温暖的南方返回北方途中，跟田鼠之间发生的故事。每年11月左右，它们长途旅行到非洲过冬，次年4月开始返回。虽然凯克斯在欧洲及中亚地区颇为普遍，但在中国却鲜为人知。1934年，长脚秧鸡首次被报道在新疆和西藏有分布，之后半个多世纪，都无人记录或采集到标本，直到2000年，它们才再次在新疆伊犁被发现。之后又有零星几例在新疆、西藏和云南西部地区被报道。所以，凯克斯在中国实属珍稀鸟类，关于其数量，分布状况，迁徙线路等都所知甚少。

如果你有幸一睹凯克斯芳容，会发现它看上去像是小鹧鸪（zhègū），但体形更细长些。凯克斯很少能被看到，不仅仅因为它在法国逗留时间短（仅仅夏季三个月），还因为它喜欢藏在深草丛里。它常常低垂着头，呈潜伏状，警觉地环顾左右，时而昂头立身向周围警觉一瞥，或仅仅想大声尖叫。凯克斯很少飞翔，除去迁徙时不得已而为之。它更喜欢在草丛中奔跑、滑翔或者快速兜圈子。

凯克斯是候鸟，在五月季节，随着南风从非洲南部来到法国，在这里筑巢繁殖。它们在深草丛里哺育幼鸟，但是这演绎出一个令人伤感的故事。随着农业技术进步，饲料收割机开割时间越来越早，常常是五月底或六月初就开始了，然而这时凯克斯还在产卵哺育周期内。尤其是雌性凯克斯和幼鸟，难免遭遇收割机到来的厄运。幼鸟起飞晚，倾向于奔跑而不是飞翔，几乎不可避免地遭受收割机碾压。为此，法国政府对农场主采取补偿措施，让收割机尽可能晚开工。凯克斯在法国属于濒危物种，据估计，会唱歌的凯克斯，即雄鸟，在法国境内不足 300 只。

只有雄性凯克斯才鸣叫。其叫声刺耳，喉音很重，让人觉得是手指在梳齿上滑动，声音之响可以传到 1500 米外。在发情期间，这鸣声是为了吸引雌性。雄鸟仰头引颈，放声歌唱一曲或是一亮美翅，郑重其事地求爱；偶尔也会来点儿实惠的，比如给心仪的雌鸟殷勤地献上一只毛毛虫。

当然，这叫声也有另外一个功能，就是唱给别的雄鸟听。这往往意味着是战事阶段。雄鸟不停地鸣叫，每只鸟都想声明自己的属地。如果真有某鸟大胆冒犯入侵，领主雄鸟立即一路高歌地跑过去，对入侵者追逐不停。另外，在这似乎单调的叫声中，人们可以推测该鸟的主动性及性情，因为音节之间的间隔是一种标志。如果雄鸟性情平和，其叫声是平稳的，音阶之间的间隔均衡。如果是一只强壮且好斗的鸟，其叫声的两个音节之间有短暂的停顿，即"凯克斯凯克斯，凯克斯凯克斯"，而不是"凯克斯，凯克斯，凯克斯"。根据这种细微的差别可以对凯克斯进行判断和评价，只需要竖起耳朵听听就知道了。

凯克斯深居简出，难以被看见或捕捉，那么鸟类学家如何知道其在某一地区的数量呢？那就是倾听其夜间叫声。雄鸟通常在相同地点鸣叫，比如连续两日在 250 米范围内出现的叫声就可以视为来自同一只鸟。虽然这种个体声音辨识法仅能辨识雄鸟的声音，可能低估鸟类数量，但是对于像凯克斯这样广泛分布的稀有物种，这方法有时是唯一可行的方法，而且这种方法引起的干扰最小。
调查表明凯克斯在欧洲数量大减，但在俄罗斯中东部及中亚数量稳定且有上升，所以在全球范围内没有濒危之忧。这种鸟类分布区域的演变不正是生态环境和气候变化的反映吗？

科学顾问、声音提供者：朱利安·彼舍诺 (Julian Pichenot)，供职于法国封特尼生态环境咨询公司。

翎颌鸨（línghébǎo）

在北非、中东或者西亚地区，是一望无际的荒漠或稀树草原，在满眼的褐色或沙色中，突然一个白点点闯入眼帘。等到再靠近一些才发现有一个鸡毛掸子样的东西在到处乱窜，它就是翎颌鸨。这种大鸟身长约70厘米，羽毛蓬起，此时正在求爱，而被追求者可没有它这般华丽的霓（ní）裳羽衣。这

扫一扫，听它在说什么

般场景通常发生在 1 月初至 6 月，雄鸟追逐配偶展示才艺的时段。

翎颌鸨有时以静缓方式展示华羽。它把头羽和颈羽渐渐地耸起，停落一两秒后，头一缩，脖子变成了"S"形。之后，两只翅膀、尾巴朝后高高地翘起，看上去好似一个毛茸茸的白帽子。翎颌鸨也以动态方式炫耀华服。它一会儿走，一会儿又把双脚高抬起，然后突然小步助跑，接着头后仰至肩胛（jiǎ）骨，同时颈向前伸展，白色的顶羽、颈羽和胸下饰羽都蓬勃展开，远远望去像是荒漠上有顶白帽子，而白帽子在绕圈，跑"8"字形或直线前进。它要干什么？不太清楚，倒是担心这大鸟把头藏在羽毛里，什么都看不见，撞出个好歹怎么办。它就这般疯跑一阵子后才停下来，恢复常态，开始唱歌。

翎颌鸨的歌声不同凡响，以雄鸟为例，其声如"布么"，音频很低，这在鸟类中很少见。人们还不太清楚这种声音是如何产生的。可能因为鸟在发声时闭嘴，两支气管在会合处膨大形成"喉囊"，气管于是起到音箱作用。这种歌声仅在发情期间产生，常常是在拂晓或黄昏之时。在其他时段里，翎颌鸨通常是沉默低调的。有些雄鸟喜欢在昏暗之处出没，能在那里度过整整一夜。

翎颌鸨的鸣叫声可传到 600 米之外，我们可以想象雌鸟如何循声趋近雄鸟。但是这种鸟生性胆怯而机警，研究人员很难有机会观察到它们是如何交配的。

众所周知，翎颌鸨有一个近亲叫波斑鸨，两者如同双胞胎，外表差别非常细微，但后者体形略大一点儿，其鸣叫声也更强更有节奏感，其音频只有 25 赫兹，比翎颌鸨的 45 赫兹还低。听到如此浑厚迷人之声，不随之翩翩起舞才怪呢。

中国境内没有翎颌鸨，但有波斑鸨，主要分布在新疆北部、内蒙古和甘肃部分地区。每年春夏季节，波斑鸨在中国娶妻生子，到了九十月份，迁徙到中东地区过冬。但是此鸟很有可能一去不复返，在那里成为隼下囚、盘中餐！因为狩猎波斑鸨是阿拉伯民族的传统风俗，作为最高贵的传统娱乐项目之一，千年来在王公贵族中久盛不衰。过度捕猎导致该鸟一度接近灭绝的边缘，直到 1977 年，阿拉伯联合酋长国建立了波斑鸨养育中心，该鸟的生存状况才开始好转，继而惠及其他地区。比如新疆境内的波斑鸨，1999 年时为 2000 多只，2005 年达到 5000 多只。当然，这也与新疆地区的生态环境改善分不开。今天，当我们在野外看到这美丽的鸟儿"绽放"时，可曾想过它的命运竟然与遥远的异国风情、悠久的文化传统息息相关！

科学顾问：范妮·里贝克（Fanny Rybak），供职于巴黎第十一大学神经科学研究所（ISP-CNRS, UMR 9197）。

声音录制：范妮·里贝克（Fanny Rybak），供职于巴黎第十一大学神经科学研究所（ISP-CNRS, UMR 9197）。克雷芒·科尔讷可（Clément Cornec），供职于法国神经科学研究所（Neuro-Psi）和阿联酋野生动物推广（ECWP）联合研究中心。

云　雀

云雀，多么富有诗意的名字，乍一看它却其貌不扬。它是长着褐色羽毛的小鸟，高约 19 厘米，重约 50 克，时不时地轻盈俏立在制高点上。云雀在乡下随处可见，无论在空旷地或树林间都有它们的身影。但是别看它外表平庸，实际上是世上最伟大的歌者之一。对此莎士比亚早有洞悉，借罗密欧之口，

扫一扫，听它在说什么

赞美这个黎明的使者："高亢的乐调直冲天门，在我们的头顶上萦绕。"在中国，只要提起它的别名——小百灵，那可是无人不晓，对歌者最高的赞誉莫过于"歌声婉转美妙如百灵"。

云雀广泛分布于欧亚大陆及北非山区，后被引进到北美洲、南美洲、澳洲及非洲南部。它是候鸟，秋季南迁，春季北上。在西欧，有一部分云雀为留鸟，迁移距离不大，只是在冬季飞到低地或海岸等气候温和的地区。在中国，云雀主要在东北和内蒙古一带繁殖，迁徙时到达华北、长江中下游及东南沿海地区。

在发情期间，雄鸟在自己的领地上盘旋，同时高声吟唱，这既是声明自己的领域也是呼唤雌鸟的青睐。雄鸟边唱边舞，凌空直上，雌鸟在后紧追不舍，直插云霄，在几十米高的天空中悬飞盘旋。突然歌声中止，双双紧合双翅，骤然垂直下落，待接近地面时再向上凌空飞起，比翼双飞，又重新唱起歌来。这样几度双飞双落后，它们成婚了。婉转的歌喉，优美的舞姿，高超的飞翔技巧，云雀以不折不扣的实力赢得人们的喜爱。而它们振翅飞翔发出的鸣声形成连续的颤音，尤其美妙动听。

云雀歌唱的独特之处是它那丰富多彩的曲目，它有600多个音节，而不仅仅是像布谷鸟那样只有两个"咕咕"音节。其乐曲之美妙，令作曲家也羡慕惊叹。这些音节，鸟类专家称之为"小节"，按照一定的顺序和特定语法组合起来，形成句子。我们把鸟语翻译过来，让你知道云雀究竟是在呢喃什么。

请听：

我是云雀（即不是画眉），我来自哪里，说什么话（例如我来自巴黎，不是普罗旺斯），我名叫罗伯特（这是它的语音特征），我现在很生气。

所有这些信息都包括在鸟儿的吟唱鸣叫中，解读这些信息就如同我们读取其他各种各样的符号一样。云雀的句子不是平淡不变的，情绪变化体现在鸣声频率的快慢变化上：如果间歇时间短促，云雀就是对伙伴说它正生气呢。同样，云雀说话也有精确的节奏（即调整发声及静音）和速度（即单位时间内的音阶数）。

至于说方言，这是因为云雀属于候鸟。这类鸟语是后天学习的，所以通常不是生下就固定的，比如斑鸠，无论在巴黎还是在普罗旺斯，都是发出"呼呼"声；而云雀从小就跟着它的导师，也就是它的爸爸学说话，究竟是巴黎腔儿还是普罗旺斯调儿，那是通过模仿，或是当好学生苦练而成的。

科学顾问：蒂埃里·奥班（Thierry Aubin），供职于法国巴黎第十一大学神经科学研究所（ISP-CNRS, UMR 9197）。

声音录制：伊洛迪·布赫费（Elodie Briefer），供职于法国巴黎第十一大学神经科学研究所（ISP-CNRS, UMR 9197）。

尖声伞鸟

　　这是亚马孙森林最常见的鸟类之一。在法属圭亚那，它被称为"巴巴呦"，或者"皮哈"，中文名为尖声伞鸟。

　　当我们进入森林腹地，迷失了道路，天空也被遮天蔽日的树冠遮住时，"巴巴呦"的声音可以给我们导航。这种鸟被当地人视为地理标志，因为它们总是群聚在河边或水

扫一扫，听它在说什么

潭边歌唱，使得原住民得以在森林中辨识方向。它是名符其实的指示方向的歌手，所以被称为"森林巡警队长"。

如果不是鸟鸣声，我们很难发现这种鸟，因为热带森林里光线黯淡，它们灰绿色的羽毛又与树叶很相似。它们体长约28厘米，喜欢停在树枝上，距地8到10米，很少飞翔。

虽然这种鸟难以被看到，但能感受到它在亚马孙森林无处不在，因为它是鸟类中最高调的鸣唱者之一，声音可达122分贝，再高8分贝，就可能把人的耳膜震穿。它的另一个特点是不停歇地歌唱。

一般说来，鸟儿在日升之时鸣叫一到一个半小时，傍晚6时再鸣叫一次。而尖声伞鸟可不是这样，只有短暂的间隙。它突然停止鸣叫，一下子飞走了（估计是吃东西去了，比如吸食野果子），其余时间（大约90%的时间），它都在拼命地歌唱。为什么要这样？我们还不知道。它唱歌的姿态也很特别：嘴巴张得很大，脑袋和整个胸部前伸，然后开始唱歌，同时还不停地伸舌头。

尖声伞鸟可不是独居者，它们过着群聚生活，即竞偶场式生活，15至30只雄鸟分布在方圆500米之内，每只承担一种声乐角色，站在树枝上，兢兢业业地歌唱。鸟群按等级分布，领导们位于竞偶场的中心位置，唱的曲调是"呜呜皮呦"，而其他鸟儿处于周边，通常只唱"呜呜"，没有"皮呦"。

因此鸟儿形成了一个组织严谨的合唱团，每只鸟都有明确的位置和角色。为了吸引雌鸟前来交配，这种声乐分工是必要的，而且必须遵守一定的规则，比如普通鸟只能发低音"呜"。高音"皮呦"能很快消失在森林中，但位置更确定。"呜"声能传到很远的地方，但难以确定发声的位置。所以雌鸟先听到低音"呜"，就飞到竞偶场附近；然后在近距离范围内，再飞向高音发声区，在这里，它能很容易找到那些领唱者，而它只在领唱中间挑选配偶。如果雄鸟是单独一只，或寥寥两三只，雌鸟可不屈尊前往。为什么？因为团结才有力量！

科学顾问、声音录制：蒂埃里·奥班（Thierry Aubin），供职于法国巴黎第十一大学神经科学研究所（ISP-CNRS, UMR 9197）。

帝 企 鹅

　　凭借 1.2 米的身量，帝企鹅无愧是企鹅家族的高大帅。它们生活在南极，那里的气候条件严酷，很少有动物能够生存。流线型身材，身着燕尾服，看上去风度翩翩，可谁知道企鹅穿着四层厚厚的羽毛，其下还再覆着一层厚肥膘呢。正是这副装束，企鹅才能抵挡得住时速高达 200 千米的狂风，以及零下 60 摄氏度的严寒。

长久以来，人们就发现帝企鹅成群而聚，成千上万，摩肩接踵，以为它们形成一个关系紧密的社团，按规则进行分配和互助。事实并非如此，它们是各顾各儿，几乎都是倾心围着伴侣和孩子转，个别情况除外。比如恶劣天气来临时，它们会挤在一起御寒，甚至轮流到外围值班，井然有序，面朝圈里。当我们站在帝企鹅群间，周围非常嘈杂，噪音高达 75 分贝，相当于高峰期环城公路上的噪音水平。显然，帝企鹅群是个爱喧闹的团体。

科学家们很好奇，在如此嘈杂的环境中，帝企鹅如何相互辨识呢？就是凭借声音，每只企鹅都有自己独特的声音。我们曾经做过一个实验，用耳塞把一只企鹅的耳朵堵住，

嘴巴也用胶带封上，它从伴侣身边径直走过，瞥都不瞥一眼。所以帝企鹅相互辨识全凭声音，与外观特征毫无关系。

识别声音对在海上离散的伴侣来说异常重要，事实也确实如此。在南极的冬季（七八月份），雌企鹅将产卵，它要迅速地把蛋送到雄企鹅的掌下。雄企鹅接下来就精心看护着企鹅蛋，不让它受冻。然后雌企鹅走向大海，穿过冰块，捕捉食物，疗养休息，因为它在怀孕期间差不多一个半月不吃不喝，身心疲惫，需要大休一阵，大约一个半月它都不着家。在等待中，雄企鹅不吃不喝地孵蛋，体重可能下降 40%，因为企鹅群中没有任何企鹅给它提供食物。如果小企鹅孵出来了，雄企鹅还要从食道的一个分泌腺中分泌出乳状物质来喂食小宝宝。可想而知，女伴回归对它和小宝宝来说是至关紧要的，否则，两个都要饿死。

一个半月之后，雌企鹅渔猎归来。它体态硕大，步履蹒跚地回到企鹅群中，把塞满肚子的小鱼和乌贼吐出来，放进雄企鹅的口中；如果小企鹅孵出来了，也要分得一份口粮。在这嘈杂喧闹之地，视力辨识不济，也无地标，雌企鹅如何找回伴侣和小宝宝呢？

雌企鹅镇静地钻到企鹅群中，先抬头，再猛地低头，挤出一声高喊，声音经过胸腔被放大，非常响亮。它按螺旋线走着，每走16米，就这样喊一声，直到有回应，全家得以团聚。然后雄企鹅外出觅食，24天左右回来。在以后的月份里，雌雄企鹅轮流照看小企鹅和外出觅食，同样的过程重复上演。直到有一天，海冰融化，小企鹅换羽，下水戏耍。企鹅爸爸、企鹅妈妈和企鹅宝宝，欢天喜地的一家，享受暖季的海水和阳光。但是，分别的时刻也到了，它们将按照各自喜欢的方式，开始各自的新生活。

科学顾问、声音录制：蒂埃里·奥班（Thierry Aubin），供职于法国巴黎第十一大学神经科学研究所（ISP-CNRS, UMR 9197）。

迦（jiā）弗啼

迦弗啼是一种巨型飞禽，羽展长达 3.8
米。唯一可与之抗衡的大鸟是漂泊信天翁，
羽展长 3.1 ~ 3.7 米，但比起迦弗啼还要略
逊一筹。该鸟喙呈蓝紫色，末端弯曲带钩，
身负五支鸟羽，发怒时羽毛竖立。它看上去
像是一条长着羽毛的蛇，身体细长而弯曲，
呈银灰色，尾巴上的羽毛柔软且闪着银光。

迦弗啼长得如此仪表堂堂，却是很难被
观察到的，因为它仅在朦胧夜色中露面。它

孤独、神秘，喜欢栖息在鲁卡拉可特的海边峭壁上，只有当饥肠辘辘时才出巢捕食，而它竟能连续几日不进食。当它外出觅食时，展翅飞翔，高声鸣叫，叫声悠长而婉转，直到发现一群食草动物，比如羊群。它在羊群上空盘旋、尾随、威胁。羊群受到惊吓，其中总有一只最怯懦，在惊慌失措中脱离集体，跑到某处无遮拦的地方躲避。迦弗啼耐心地等待时机，然后猛地俯身冲下，狠啄猎物，强烈攻击，然后就高唱得胜曲，发出的声音可达 130 分贝，而那可怜的猎物在惊恐中瘫倒，没有丝毫抵抗。扑食场面仅仅持续了几秒钟，随着几声恐怖吼叫的逝去，迦弗啼也消失得无影无踪，只有留在地上的一支银色长羽，算是到此一游的凭证吧。

迦弗啼如此怪异的表现，给人留下了无穷的想象空间。有人说它是信天翁和蛇的合体，还有人说如果撞见它就会立即暴死。如

果某地坏疽（jū）肆虐，大批牛羊无故死亡，人们就不能不联想到它。竟然还有人说它能把一头大象叼到空中，带到悬崖顶，一口一口地吃掉。

各种谣言、逸事以及一些语焉不详的故事一直在民间流传，直到二十世纪初的某一天，一个华人学者代表团来到鲁卡拉可特。众所周知，中国人与西方看法相反，中国人把龙视为仁慈的动物。经过对迦弗啼鸟留下的银色羽毛进行审慎的研究，他们最终得出结论：大鸟迦弗啼是虬龙，与其他龙类一样，它是生命和力量的象征。

直到今天，一些鲁卡拉可特居民还声称他们时而听到迦弗啼的咆哮声。那声音撕破夜幕，如梦如幻，仿佛来自虬龙，又似来自那狮面蛇尾羊身的奇美拉。

声音录制：戴维·瑞比（David Reby），供职于英国萨塞克斯大学。

致　　谢

"听，动物在说什么？"书系科学顾问、声音录制者信息索引
（按姓氏字母顺序排列）

Olivier Adam （奥利维埃·亚当）
UMR 9197 Neuro-PSI du CNRS, Université Paris-Sud, France
巴黎第十一大学神经科学研究所（ISP-CNRS, UMR 9197）
相关章节：座头鲸、抹香鲸、一角鲸、虎鲸

Jérémy Anso （热雷米·昂苏）
ISYEB–UMR 7205, Muséum national d'Histoire naturelle, France；
IMBE, Aix-Marseille Université, UMR-CNRS-IRD-UAPV, Centre IRD
Nouméa.
法国国家自然历史博物馆生物分类－演变－多样性研究所（ISYEB–UMR
7205, MNHN）、法国艾克斯—马赛大学地中海海陆生物多样性研究所
（IMBE）、法国发展研究院努美阿中心（UMR-CNRS-IRD-UAPV）
相关章节：蟋蟀

Thierry Aubin （蒂埃里·奥班）
UMR 9197 Neuro-PSI du CNRS, Université Paris-Sud, France
法国巴黎第十一大学神经科学研究所（ISP-CNRS, UMR 9197）
相关章节：云雀、帝企鹅、尖声伞鸟、眼镜凯门鳄

Renaud Boistel （勒诺·布瓦斯泰尔）
IPHEP UMR 7262, Université de Poitiers, France
法国普瓦捷大学古生物演化和古环境研究所（IPHEP UMR 7262）
相关章节：弗朗西斯蟾蜍、猴子树蛙

Elodie Briefer （伊洛迪·布赫费）
UMR 9197 Neuro-PSI du CNRS, Université Paris-Sud, France

法国巴黎第十一大学神经科学研究所（ISP-CNRS, UMR 9197）
相关章节：云雀

Henri Cap （亨利・卡普）
Université Paul Sabatier de Toulouse；France
Université Jean-François Champollion d'Albi, France
法国图卢兹第三大学、法国阿尔比大学
相关章节：狍子、驼鹿、欧洲马鹿

Isabelle Charrier （伊莎贝尔・夏里埃）
UMR 9197 Neuro-PSI，Université Paris-Sud, France
法国巴黎第十一大学神经科学研究所（ISP-CNRS, UMR 9197）
相关章节：髯海豹、海象、澳大利亚海狮、澳洲野犬

Clément Cornec（克雷芒・科尔讷可）
NeuroPsi et l'Emirates Center for Wildlife Propagation (ECWP), France
法国神经科学研究所（Neuro-Psi）和阿联酋野生动物推广（ECWP）联合
研究中心
相关章节：翎颌鸨

Eloise Deaux （艾鲁瓦丝・窦）
UMR 9197 Neuro-PSI，Université Paris-Sud, France
法国巴黎第十一大学神经科学研究所（ISP-CNRS, UMR 9197）
相关章节：澳洲野犬

Fernand Deroussen （费尔南・德鲁尚）
自然声学录制公司
相关章节：猞猁、灰狼

Ronara de Souza Ferreira （罗娜拉・德・苏扎－费雷拉）
Laboratoire LEEC, Université de Paris XIII
巴黎第八大学行为与比较学实验室（LEEC）
相关章节：芒尖厚结猛蚁

Laure Desutter （洛尔・德苏特）
ISYEB–UMR 7205, Muséum national d'Histoire naturelle, France
法国国家自然历史博物馆生物分类－演变－多样性研究所（ISYEB–UMR
7205, MNHN）
相关章节：蟋蟀

Lucia di Iorio （露夏·迪－伊奥里奥）
Chaire CHORUS de la fondation Grenoble INP, France
格勒诺布尔综合理工研究所海洋生物声学基金会
相关章节：海胆、龙虾、圣雅克扇贝、枪虾

Estelle Germain （埃斯特尔·热尔曼）
Centre de Recherche et d'Observation sur les Carnivores, France
法国食肉动物监测及研究中心
相关章节：猞猁

Cédric Gervaise（塞德里克·热尔维斯）
Chaire CHORUS de la fondation Grenoble INP, France ; LEMAR, IUEM
Brest
格勒诺布尔综合理工研究所海洋生物声学基金会、海洋环境－欧洲海洋大
学－西布列塔尼大学联合实验室（LEMAR-IUEM-UBO）
相关章节：圣雅克扇贝

Jean-Paul Lagardère（让－保罗·拉加尔德勒）
退休海洋生物研究员、法国朗德省狩猎与捕鱼文化民族志协会顾问
相关章节：大西洋鲱鱼

Florence Levréro （弗洛朗丝·勒浮雷洛）
Université Lyon/Saint-Etienne ; ENES ／ Neuro-PSI, CNRS UMR 9197,
France
法国里昂第一大学、里昂第一大学－巴黎第十一大学－法国科研中心神经
行为学与神经科学联合实验室（ENES ／ Neuro-PSI, CNRS UMR 9197）
相关章节：山魈、倭黑猩猩

Morgane Papin （莫尔加讷·巴班）
Centre de Recherche et d'Observation sur les Carnivores, France
法国食肉动物监测及研究中心
相关章节：灰狼

Eric Parmentier （埃里克·帕芒蒂埃）
Université de Liège, Belge
比利时国立列日大学
相关章节：小丑鱼、潜鱼、大西洋鲱鱼

Julian Pichenot （朱利安·彼舍诺）

Biologiste Ecologue Consultant, Faxe, 57590 FONTENY, France

法国封特尼生态环境咨询公司

相关章节：大麻鳽、凯克斯

David Reby （戴维·瑞比）

University of Sussex, UK

英国萨塞克斯大学

相关章节：迦弗啼、狍子、驼鹿、欧洲马鹿

Fanny Rybak （范妮·里贝克）

UMR 9197 Neuro-PSI du CNRS, Université Paris-Sud, France

巴黎第十一大学神经科学研究所（ISP-CNRS, UMR 9197）

相关章节：果蝇、芒尖厚结猛蚁、翎颌鸨

Pablo Bolaños Sittler （巴勃罗·波兰诺·施特勒）

Universidad del Valle de Guatemala；MNHN； Université Paris-Sud, France

危地马拉狄瓦耶大学、法国国家自然历史博物馆、巴黎第十一大学

相关章节：格查尔鸟

Adeline Soulier （阿德琳娜·苏里耶）

Muséum national d'Histoire naturelle, France

法国国家自然历史博物馆 – 法国科研中心生物适应及演化机制研究联合实验室 (MECADEV UMR 7179, MNHN-CNRS）

相关章节：芒纳莫罗卡盲虻

Jérôme Sueur （热罗姆·苏厄）

Muséum national d'Histoire naturelle, UMR 7179 MNHN-CNRS (MECADEV),France

法国国家自然历史博物馆生物分类 – 演变 – 多样性研究所（ISYEB–UMR 7205, MNHN）

相关章节：蟋蟀、灰蝉、蝼蛄、马达加斯加蟑螂

Magnus Wahlberg （马格努斯·沃尔伯格）

Aarhus University, Danemark

丹麦奥尔胡斯大学

相关章节：大西洋鲱鱼

后　　记

　　这本书的出版似乎很偶然，我和塞琳娜·迪歇纳称之为一次探险。

　　2016 年暑假里，我偶然听到一个关于动物声音的广播节目，觉得节目短小精悍，饶有趣味，奇妙的声音打开了窥探动物世界的另一扇窗。关于动物的科普书很多很多，但对它们的声音进行专门介绍的书籍却很少很少。欣赏之余，我就把广播节目的内容翻译成中文，时而发给亲朋好友，分享乐趣，没想到得到积极的反馈信息。我受到鼓励，越听越感兴趣，并补充了些适合中国读者阅读的内容。等到暑假结束时，这个系列广播节目也结束了，而 40 篇小文的中文版故事也初步成形。

　　又是一个偶然的机会，这个翻译初稿经过朋友推荐被湖南少年儿童出版社相中。当我将这个好消息反馈给广播节目作者塞琳娜·迪歇纳和相关的科学家时，他们都表示出发自内心的喜悦和热情洋溢的支持！

　　然而探险总是有些预料之外的事情……但是经过各方真诚的努力，经过耐心的沟通、协商和等待，终于在 2018 年新春到来之际，本书的出版事宜尘埃落定。在这个探险的过程中，我们非常高兴地结识了许多新朋友。

我们要特别感谢策划编辑周霞女士，是她建议将原文进行适当扩展，不仅便于中国读者阅读，也使内容更加丰富；也是她建议把动物的声音纳入图书中，让无声的书因此"声"动起来！我们也要感谢责任编辑钟小艳的认真负责和在沟通方面给予的协助。

我们还要特别感谢中国科学院动物研究所研究员、国家动物博物馆馆长乔格侠在百忙中作序推荐。中国科学院动物研究所、国家动物博物馆的张劲硕博士对本书的建议让我们获益匪浅，为此我们致以真诚的谢意。

我们也将诚挚的谢意送给为这本书担当科学顾问和提供动物声音的科学家和自然学家。他们当中绝大多数人免费为本文提供了自己精心录制的动物声音，并且对插图细节严格把关。

在本书的写作和出版过程中得到了很多朋友的帮助，我们真诚地感谢你们：邵晖、陈远、梁威、黄刚、周佳平……我们也感谢宣文、梁利平、马英。

我最后感谢家人对我写作本书的鼓励和支持。

赵 彦